Mallikarjunagouda Patil
Jyoti Aihole
Shradda Angadi

Modificações inovadoras da superfície de nanopartículas de TiO_2

Mallikarjunagouda Patil
Jyoti Aihole
Shradda Angadi

Modificações inovadoras da superfície de nanopartículas de TiO_2

Moldar o futuro

ScienciaScripts

Imprint
Any brand names and product names mentioned in this book are subject to trademark, brand or patent protection and are trademarks or registered trademarks of their respective holders. The use of brand names, product names, common names, trade names, product descriptions etc. even without a particular marking in this work is in no way to be construed to mean that such names may be regarded as unrestricted in respect of trademark and brand protection legislation and could thus be used by anyone.

Cover image: www.ingimage.com

This book is a translation from the original published under ISBN 978-620-6-77566-9.

Publisher:
Sciencia Scripts
is a trademark of
Dodo Books Indian Ocean Ltd. and OmniScriptum S.R.L publishing group

120 High Road, East Finchley, London, N2 9ED, United Kingdom
Str. Armeneasca 28/1, office 1, Chisinau MD-2012, Republic of Moldova, Europe
Printed at: see last page
ISBN: 978-620-8-33784-1

Moldar o futuro: Modificações inovadoras da superfície de nanopartículas de TiO_2 para diversas aplicações

Uma solução sustentável para a remediação ambiental

Mallikarjunagouda B. Patil

Professor assistente

P. G. Departamento de Química, Faculdade de Ciências de Basaveshwar,

Bagalkot-587101, Karnataka, ÍNDIA

Menina Jyoti N. Aihole

P. G. Departamento de Química, Faculdade de Ciências de Basaveshwar,

Bagalkot-587101, Karnataka, Índia

Miss Shradda Angadi

P. G. Departamento de Química, Faculdade de Ciências de Basaveshwar,

Bagalkot-587101, Karnataka, Índia

Dedicado aos nossos

queridos pais

Conteúdo

PREFÁCIO

A nanotecnologia abriu uma nova fronteira na ciência dos materiais, oferecendo um imenso potencial para revolucionar vários sectores, desde a energia aos cuidados de saúde. Entre os muitos nanomateriais que têm captado a atenção de investigadores de todo o mundo, as nanopartículas de dióxido de titânio (TiO_2) destacam-se como um dos materiais mais versáteis e amplamente utilizados. As suas excepcionais propriedades fotocatalíticas, estabilidade química e não toxicidade tornaram-nas indispensáveis numa vasta gama de aplicações, incluindo remediação ambiental, recolha de energia, dispositivos médicos e revestimentos. No entanto, para desbloquear todo o potencial das nanopartículas de TiO_2 e adaptá-las a aplicações cada vez mais complexas e exigentes, as modificações de superfície são essenciais. Ao adaptar as propriedades da superfície das nanopartículas de TiO_2, os cientistas têm conseguido melhorar o seu desempenho, ultrapassar limitações e criar novas oportunidades em diversos domínios.

Este livro, *"Shaping the Future: Innovative Surface Modifications of TiO_2 Nanoparticles for Diverse Applications"*, é uma exploração abrangente dos mais recentes avanços na engenharia de superfície de nanopartículas de TiO_2. O objetivo é fornecer uma compreensão profunda dos princípios, métodos e tendências emergentes na modificação de nanopartículas de TiO_2, bem como seu impacto no desempenho em várias aplicações. O livro reúne contribuições de pesquisadores líderes, oferecendo uma descrição detalhada das técnicas de modificação de superfície de ponta, como doping, funcionalização e revestimento, e os mecanismos pelos quais essas modificações melhoram as propriedades das nanopartículas de TiO_2.

Estou grato aos muitos indivíduos, organizações e instituições que apoiaram este estudo. Os seus esforços colectivos tornaram este trabalho possível, e espero que as conclusões aqui apresentadas inspirem melhorias significativas na gestão da qualidade da água, não apenas no distrito de Bagalkot, mas em regiões semelhantes que enfrentam desafios de qualidade da água em todo o mundo.

Dr. Mallikarjunagouda B. Patil

Menina Jyoti N. Aihole

Miss Shradda Angadi

Data: novembro de 2024

Agradecimentos

Consegui completar este livro com o apoio, a paciência e a orientação da seguinte organização e de grandes personalidades. É a eles que devemos a nossa mais profunda gratidão.

É com imenso prazer que exprimo a nossa mais profunda gratidão à nossa organização Basaveshwar Veerashaiva Vidyavardhaka Sangha, Bagalkot-587101 Karnataka, Índia, por me ter proporcionado uma oportunidade tão grande.

Expresso o nosso profundo sentimento de gratidão ao Dr. V. C. Charantimath, MLA, Presidente de Honra, B. V. V. Sangha, Shri Mahesh N. Athani, Secretário de Honra, Presidente do Conselho Diretivo do Colégio, B. V. V. Sangha e Shri G.S. Sulibhavi, Presidente do Conselho Diretivo do Colégio, B. V. V. Sangha, pelo seu apoio e encorajamento ao longo do meu trabalho.

Aproveito esta oportunidade para agradecer ao Vision Group for Science and Technology (VGST), Govt. Of Karnataka, Bengaluru, Índia, pelo financiamento (GRD No: 951) (2020-2021) para a criação do laboratório no Basaveshwar Science College, Bagalkot, Índia.

Gostaria de estender os meus agradecimentos a todo o pessoal docente do Basaveshwar Science College, Bagalkot, Karnataka, Índia, pelo seu apoio.

Dr. Mallikarjunagouda Patil

Menina Jyoti N. Aihole

Miss Shradda Angadi

Capítulo 1: Introdução

Moldar o futuro: Modificações inovadoras da superfície de nanopartículas de TiO_2 para diversas aplicações

Visão geral das nanopartículas de TiO_2

As nanopartículas de dióxido de titânio (TiO_2) são uma classe diversificada e multifacetada de nanomateriais que têm merecido uma atenção significativa tanto na investigação científica como nas aplicações industriais. Compostas por átomos de titânio e de oxigénio dispostos numa estrutura de rede cristalina, estas nanopartículas apresentam uma vasta gama de propriedades excepcionais que as tornam inestimáveis em vários domínios. As nanopartículas de TiO_2 são conhecidas pelas suas caraterísticas ópticas, como a transparência no espetro visível e a elevada absorção de ultravioleta (UV). Este comportamento ótico presta-se a aplicações em proteção UV, filtros ópticos e energia fotovoltaica, onde as nanopartículas de TiO_2 são fundamentais para melhorar a eficiência das células solares. Para além da ótica, as proezas fotocatalíticas das nanopartículas de TiO_2 são aproveitadas para a remediação ambiental, a purificação do ar e da água e a auto-limpeza de superfícies. Desempenham um papel crucial na catálise, oferecendo uma via ecológica e eficiente para as reacções químicas. No domínio da biomedicina, as nanopartículas de TiO_2 modificadas à superfície são promissoras para a administração de medicamentos e o tratamento do cancro através da terapia fotodinâmica. Além disso, têm utilidade na eletrónica, como componentes de sensores e dispositivos nanoelectrónicos, e em revestimentos antimicrobianos para melhorar a higiene. Embora as nanopartículas de TiO_2 apresentem uma grande variedade de oportunidades, os desafios incluem a resolução de potenciais problemas de toxicidade, a obtenção de uma síntese controlada e a superação de problemas relacionados com a aglomeração de nanopartículas. Nesta panorâmica abrangente, mergulhamos no mundo multifacetado das nanopartículas de TiO_2 , explorando a sua estrutura, propriedades e aplicações que vão da nanotecnologia aos cuidados de saúde e à sustentabilidade ambiental.

Importância da modificação da superfície

A modificação da superfície das nanopartículas desempenha um papel fundamental no reforço da sua funcionalidade e na expansão das suas aplicações em vários domínios, incluindo a medicina, as ciências ambientais e a engenharia de materiais. As nanopartículas, devido à sua pequena dimensão e à grande relação área de superfície/volume, apresentam propriedades físicas e químicas únicas que podem ser adaptadas a utilizações específicas através da modificação da superfície. Ao alterar a química da superfície das nanopartículas, os investigadores podem melhorar a sua estabilidade, biocompatibilidade e dispersibilidade, tornando-as mais eficazes em aplicações reais. Por exemplo, nos sistemas de administração de medicamentos, as nanopartículas modificadas à superfície podem ser projectadas para atingir células ou tecidos específicos, melhorando a precisão do tratamento e minimizando os efeitos secundários. Do mesmo modo, na recuperação ambiental, a modificação da superfície pode aumentar a capacidade das nanopartículas para adsorver poluentes ou catalisar reacções, tornando-as mais eficientes na limpeza da água ou do ar. Além disso, as nanopartículas com superfície modificada podem também melhorar o desempenho dos materiais, como nos revestimentos, onde proporcionam maior durabilidade, resistência à corrosão e propriedades antimicrobianas. Em geral, a modificação da superfície permite a otimização das nanopartículas para uma vasta gama de aplicações inovadoras e práticas, impulsionando os avanços na nanotecnologia e contribuindo para soluções para os desafios globais.

A modificação da superfície é um processo crucial em vários domínios e indústrias, desempenhando um papel fundamental na melhoria das propriedades e do desempenho de materiais e componentes. A importância da modificação da superfície pode ser resumida da seguinte forma:

Adaptação das propriedades do material: A modificação da superfície permite a personalização das propriedades do material para satisfazer requisitos específicos. Ao alterar as caraterísticas da superfície, mantendo intactas as propriedades do material, os materiais podem ser optimizados para aplicações específicas. Por exemplo, os tratamentos de superfície podem tornar um material mais hidrofóbico ou hidrofílico, melhorando o seu comportamento de humidade ou adesão.

Melhorar a funcionalidade da superfície: A modificação da superfície pode introduzir novas funcionalidades nos materiais. Isto inclui tornar os materiais condutores, super-hidrofóbicos, super-hidrofílicos ou capazes de capturar moléculas específicas, como nos biossensores. Estas funcionalidades melhoradas permitem soluções inovadoras em eletrónica, cuidados de saúde e aplicações ambientais.

Melhorar a biocompatibilidade: Nas aplicações biomédicas, a modificação da superfície pode tornar os materiais mais biocompatíveis, reduzindo as respostas imunitárias e melhorando as interações com os tecidos biológicos. Isto é essencial para implantes médicos, sistemas de administração de medicamentos e suportes de engenharia de tecidos.

Aumento da durabilidade e da resistência à corrosão: Os tratamentos de superfície, como os revestimentos ou a galvanização, podem proteger os materiais de factores ambientais, como a corrosão, o desgaste e a oxidação. Isto é fundamental para prolongar o tempo de vida útil dos componentes em indústrias como a aeroespacial, automóvel e de infra-estruturas.

Melhorar a adesão e a ligação: A modificação da superfície pode melhorar a adesão entre materiais, permitindo ligações mais fortes em juntas adesivas e revestimentos. Isto é vital em indústrias como a construção, automóvel e aeroespacial, onde a aderência fiável é essencial.

Reduzir a fricção e o desgaste: As técnicas de modificação de superfícies podem reduzir a fricção e o desgaste entre componentes móveis, levando a uma maior duração e eficiência em máquinas e sistemas mecânicos.

Otimização da eficiência energética: Ao modificar as propriedades da superfície dos materiais, é possível melhorar a eficiência energética em várias aplicações, como a redução do arrasto na aerodinâmica ou a melhoria da transferência de calor em sistemas de energia.

Benefícios ambientais: A modificação da superfície pode conduzir a soluções amigas do ambiente. Por exemplo, as superfícies auto-limpantes reduzem a necessidade de produtos químicos de limpeza agressivos e os materiais com propriedades fotocatalíticas melhoradas podem ajudar a purificar o ar e a água.

Nanomateriais funcionais: A modificação da superfície é essencial para o desenvolvimento de nanomateriais funcionais. As nanopartículas e os nanocompósitos podem ser adaptados a aplicações específicas, como a administração de medicamentos, a catálise e os sensores.

Tecnologias inovadoras: A modificação da superfície está no centro de muitas tecnologias de ponta, incluindo a nanotecnologia, a microeletrónica, a biotecnologia e os revestimentos avançados. Estas tecnologias impulsionam a inovação numa vasta gama de indústrias.

A modificação da superfície é um processo transformador que permite que os materiais tenham um desempenho ótimo e satisfaçam as exigências de várias aplicações. A sua importância abrange todos os sectores e tem um impacto significativo no avanço da tecnologia, no desenvolvimento de produtos e na sustentabilidade.

Aplicações em diversos domínios

A modificação da superfície tem um impacto profundo em diversos domínios, contribuindo para uma vasta gama de aplicações através da adaptação das propriedades dos materiais a necessidades específicas. Eis algumas das principais aplicações da modificação da superfície em vários domínios:

1. Aplicações no domínio da saúde e da biomedicina:

Implantes biocompatíveis: A modificação da superfície pode melhorar a biocompatibilidade dos implantes médicos, reduzindo o risco de rejeição e complicações.

- Sistemas de libertação de fármacos: As nanopartículas e micropartículas modificadas na superfície permitem a libertação controlada de fármacos e a terapia orientada.
- Engenharia de tecidos: Os materiais de suporte com superfícies modificadas proporcionam um ambiente ideal para a regeneração de tecidos e o crescimento de células.

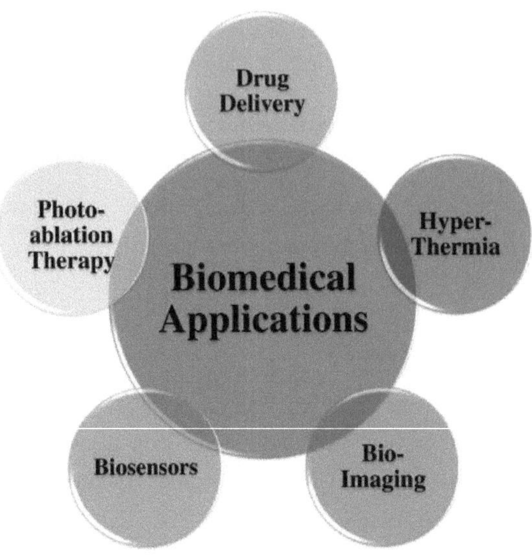

2. Eletrónica e microeletrónica:

- Dispositivos semicondutores: Os tratamentos de superfície são essenciais para otimizar as propriedades dos materiais semicondutores em microchips e sensores.
- Eletrónica impressa: As superfícies modificadas permitem a deposição de tintas condutoras e o desenvolvimento de eletrónica flexível.
- Biossensores: A modificação da superfície é fundamental para o desenvolvimento de biossensores para diagnóstico médico e monitorização ambiental.

3. Energia e ambiente:

- Células solares: As modificações da superfície melhoram a absorção da luz e o transporte de electrões em dispositivos fotovoltaicos.
- Catálise: Os catalisadores modificados à superfície melhoram as taxas de reação, a seletividade e a eficiência dos processos químicos.
- Purificação de água e ar: As superfícies funcionalizadas em filtros e membranas podem capturar e remover contaminantes.

4. Indústrias aeroespacial e automóvel:

- Resistência à corrosão: Os revestimentos de superfície protegem os componentes de aeronaves e automóveis contra a corrosão e o desgaste.
- Redução da fricção: As superfícies modificadas nos componentes do motor reduzem o atrito, melhorando a eficiência do combustível.
- Ligações adesivas: Os tratamentos de superfície permitem ligações adesivas fortes e duradouras em aviões e veículos.

5. Construção e infra-estruturas:

- Betão e materiais de construção: A modificação da superfície aumenta a durabilidade, a resistência à água e as propriedades de auto-limpeza dos materiais de construção.
- Revestimentos anti-graffiti: As superfícies modificadas facilitam a remoção de graffiti, preservando o aspeto dos edifícios e das infra-estruturas.

6. Têxteis e vestuário:

- Repelência à água e resistência às nódoas: Os tratamentos de superfície melhoram as propriedades de repelência à água e de resistência às nódoas dos têxteis.
- Tecidos antimicrobianos: Os têxteis modificados inibem o crescimento de bactérias e fungos, aumentando a higiene no vestuário e nos têxteis médicos.

7. Remediação ambiental:

- Limpeza do solo e da água: As nanopartículas modificadas na superfície podem capturar e remover metais pesados e poluentes orgânicos do solo e da água.
- Filtragem do ar: As superfícies modificadas dos filtros de ar removem as partículas e as toxinas do ar.

8. Produtos de consumo:

- Cosméticos: As modificações da superfície melhoram as propriedades dos produtos cosméticos, incluindo protectores solares, loções e cremes anti-envelhecimento.

- Eletrónica de consumo: As superfícies modificadas em ecrãs e revestimentos melhoram a resistência aos riscos e a durabilidade.

9. Nanotecnologia:

- Nanomateriais funcionais: A modificação da superfície adapta as propriedades das nanopartículas a várias aplicações nanotecnológicas, incluindo a nanoelectrónica e a nanomedicina.
- A modificação da superfície é um campo versátil e interdisciplinar que continua a impulsionar a inovação e a enfrentar diversos desafios na ciência, tecnologia e indústria, melhorando produtos e processos em vários sectores.

Capítulo 2: Síntese e propriedades das nanopartículas de TiO_2

Introdução

As nanopartículas de dióxido de titânio (TiO_2) têm atraído uma atenção significativa devido às suas notáveis propriedades físicas, químicas e ópticas, tornando-as úteis em várias indústrias, incluindo a ciência ambiental, a fotocatálise, a medicina e a engenharia de materiais. A síntese de nanopartículas de TiO_2 é um processo crucial que determina o seu tamanho, morfologia, fase cristalina e caraterísticas de superfície, que influenciam o seu desempenho global. Existem vários métodos para sintetizar nanopartículas de TiO_2, incluindo a síntese sol-gel, métodos hidrotérmicos e solvotérmicos, deposição química de vapor (CVD) e síntese por chama.

Entre estes, o método sol-gel é um dos mais utilizados devido à sua simplicidade e capacidade de produzir nanopartículas altamente puras com tamanho controlado. Neste método, um precursor de titânio, como o isopropóxido de titânio, é hidrolisado na presença de água, seguido de uma reação de condensação que leva à formação de um gel. A secagem e calcinação subsequentes produzem nanopartículas cristalinas de TiO_2. Os métodos hidrotérmicos e solvotérmicos, que envolvem a utilização de alta pressão e temperatura num solvente aquoso ou orgânico, também são comuns e são particularmente úteis no controlo do tamanho das partículas e da fase cristalina (anatase, rutilo ou brookite). Outros métodos, como a CVD, oferecem um controlo preciso do processo de crescimento das nanopartículas, mas podem ser mais complexos e dispendiosos.

As propriedades das nanopartículas de TiO_2 são largamente influenciadas pela sua fase cristalina, tamanho de partícula e área de superfície. A fase anatase do TiO_2 é conhecida por sua atividade fotocatalítica superior, tornando-a ideal para aplicações como purificação de água, limpeza de ar e superfícies autolimpantes. A fase rutilo, por outro lado, é mais estável termodinamicamente e exibe excelentes propriedades ópticas, tornando-o um material preferido em formulações de protetores solares, pigmentos e revestimentos. A elevada área de superfície das nanopartículas de TiO_2 aumenta a sua reatividade e eficiência em processos catalíticos, enquanto a sua capacidade de absorver a luz ultravioleta (UV) as torna ideais para aplicações de bloqueio de UV. Além disso, a superfície das nanopartículas de TiO_2 pode ser modificada para melhorar a sua dispersão em vários meios ou para as funcionalizar para aplicações específicas, como a administração de medicamentos ou a remediação ambiental.

De um modo geral, a síntese e as propriedades das nanopartículas de TiO_2 estão intimamente interligadas e, através da seleção cuidadosa dos métodos e condições de síntese, é possível adaptar as suas caraterísticas a uma vasta gama de necessidades industriais e científicas. A versatilidade, abundância e natureza sintonizável das nanopartículas de TiO_2 garantem a sua relevância e crescimento contínuos em várias tecnologias de ponta.

2.1 Métodos de síntese: Sol-Gel, Hidrotermal, e outros métodos

A síntese de nanopartículas de dióxido de titânio (TiO_2) é essencial para adaptar as suas propriedades a aplicações específicas, e vários métodos foram desenvolvidos para produzir nanopartículas de alta qualidade com tamanho, morfologia e fase cristalina controlados. Entre as técnicas mais utilizadas estão os métodos **sol-gel**, **hidrotermal** e **solvotérmico**, mas outras técnicas como a **deposição química de vapor (CVD)** e **a síntese por chama** também são notáveis.

O **método sol-gel** é uma das técnicas mais populares e versáteis para sintetizar nanopartículas de TiO_2 devido à sua simplicidade, custo-benefício e capacidade de produzir nanopartículas altamente puras com controle fino sobre seu tamanho e estrutura. Neste método, um precursor de alcóxido de titânio, como o isopropóxido de titânio, é dissolvido num solvente orgânico e depois hidrolisado pela adição de água.

A reação de hidrólise leva à formação de uma suspensão coloidal que, por condensação, se transforma numa rede semelhante a um gel. Este gel é subsequentemente seco e calcinado para produzir TiO_2 cristalino. O método sol-gel permite controlar o tamanho das partículas, a morfologia e a cristalinidade, ajustando factores como a relação água-precursor, o pH, a temperatura e o tipo de solvente. Este processo pode produzir TiO_2 em várias fases cristalinas (anatase, rutilo ou brookite), dependendo do tratamento pós-síntese, e é normalmente utilizado em revestimentos, fotocatálise e dispositivos ópticos.

O **método hidrotérmico** é outra técnica eficaz que envolve a reação de um precursor de titânio num meio aquoso a alta temperatura e pressão dentro de uma autoclave selada. Este método permite a produção de nanopartículas de TiO_2 altamente cristalinas sem a necessidade de calcinação adicional. Ao controlar a temperatura, a pressão e o tempo de reação, o tamanho, a forma e a fase cristalina das nanopartículas podem ser ajustados. O método hidrotérmico é particularmente adequado para a produção de nanoestruturas de TiO_2 bem definidas, como nanobastões, nanotubos e nanoesferas. A principal vantagem deste método é a sua capacidade de produzir TiO_2 cristalino altamente puro e com menos defeitos, o que o torna ideal para aplicações em fotocatálise e armazenamento de energia.

O **método solvotérmico** é semelhante ao método hidrotérmico, mas envolve a utilização de solventes orgânicos em vez de água. Isto permite uma maior flexibilidade no controlo do ambiente de reação, tal como a polaridade do solvente, que pode influenciar significativamente o tamanho e a forma das partículas. O método solvotérmico é particularmente útil na produção de nanopartículas de TiO_2 em sistemas não aquosos ou quando é necessário incorporar grupos funcionais orgânicos específicos nas nanopartículas. Também permite a formação de nanoestruturas e compósitos mais complexos com propriedades melhoradas para utilização em aplicações avançadas, como células solares sensibilizadas por corantes e sistemas de administração de medicamentos.

A deposição de vapor químico (CVD) é um método de síntese mais complexo que envolve a deposição de TiO_2 num substrato a partir de uma fase de vapor. Este método oferece um controlo preciso sobre a espessura e uniformidade das películas de TiO_2 e pode produzir nanopartículas com excelente cristalinidade e adesão às superfícies. A CVD é amplamente utilizada em aplicações de película fina, tais como revestimentos protectores, dispositivos fotovoltaicos e tecnologia de semicondutores. No entanto, a CVD requer temperaturas elevadas e equipamento especializado, o que a torna mais cara e menos acessível para a produção em grande escala.

A síntese por chama, outra técnica avançada, envolve a combustão de precursores de titânio numa chama para produzir nanopartículas de TiO_2. Este método é vantajoso para a produção em grande escala porque é rápido e económico, permitindo a geração de nanopartículas a granel. A síntese por chama produz TiO_2 com alta pureza e cristalinidade, tornando-o ideal para aplicações em pigmentos, revestimentos e materiais fotocatalíticos. No entanto, controlar o tamanho e a morfologia das partículas na síntese por chama pode ser um desafio devido à cinética de reação rápida e às altas temperaturas envolvidas.

Em resumo, cada método de síntese para nanopartículas de TiO_2 oferece vantagens distintas, dependendo das propriedades e aplicações desejadas. Os métodos sol-gel e hidrotérmico permitem um controlo preciso do tamanho e da cristalinidade das partículas, enquanto a síntese por CVD e por chama são adequadas para aplicações industriais específicas e de elevado desempenho. Ao selecionar o método adequado, é possível adaptar as nanopartículas de TiO_2 para utilização em campos que vão desde a fotocatálise e a remediação ambiental até à medicina e ao armazenamento de energia.

2.2 Estruturas cristalinas e morfologias

O dióxido de titânio (TiO_2) existe em várias estruturas cristalinas distintas, cada uma exibindo propriedades físicas, químicas e ópticas únicas que determinam a sua adequação a várias aplicações. Os três polimorfos primários do TiO_2 são **a anatase**, o **rutilo** e **a brookite**, sendo a anatase e o rutilo os mais estudados devido à sua importância industrial e científica generalizada. A estrutura cristalográfica destes polimorfos desempenha um papel crucial na influência da eficiência fotocatalítica, estabilidade térmica e propriedades electrónicas do TiO_2. Além disso, a capacidade de controlar a **morfologia** do TiO_2 - como sua forma, tamanho e área de superfície - aumenta ainda mais sua funcionalidade em diferentes campos.

A **fase anatase** do TiO_2, com uma estrutura tetragonal, é altamente valorizada pela sua excelente atividade fotocatalítica, particularmente em aplicações ambientais como a purificação da água, limpeza do ar e superfícies autolimpantes. A anatase apresenta normalmente uma densidade mais baixa e uma área de superfície mais elevada do que outras fases, o que aumenta o número de sítios activos disponíveis para reacções catalíticas. Caracteriza-se também pela sua forte absorção de luz UV, o que a torna ideal para utilização em células solares e materiais de bloqueio de UV. A fase anatase tende a ser mais estável termodinamicamente na forma de nanopartículas, especialmente a temperaturas mais baixas, mas pode transformar-se na fase rutilo a temperaturas mais elevadas, normalmente acima dos 600°C. Morfologicamente, as nanopartículas de TiO_2 anatase são frequentemente produzidas sob a forma de nanoesferas, nanobastões ou nanofibras, que podem ser ainda mais adaptadas através de métodos de síntese para otimizar a área de superfície e a reatividade.

A **fase rutilo** é a forma termodinamicamente mais estável de TiO_2, também com uma estrutura cristalina tetragonal, mas mais densa que a anatase. O TiO_2 rutilo é amplamente utilizado como pigmento devido à sua cor branca brilhante e alto índice de refração, tornando-o ideal para tintas, revestimentos e plásticos. As suas propriedades ópticas são também exploradas em protectores solares, onde proporciona uma proteção eficaz contra a radiação UV nociva. Embora o rutilo seja menos eficiente do que a anatase em aplicações fotocatalíticas, a sua maior estabilidade térmica e durabilidade tornam-no útil em processos de alta temperatura e para a produção de películas finas em dispositivos electrónicos. Morfologicamente, o TiO_2 rutilo pode ser sintetizado como nanofios, nanobelts ou nanopilares, que fornecem resistência mecânica e suporte para aplicações como sensores e filmes condutores.

A **fase brookite** do TiO_2, que tem uma estrutura cristalina ortorrômbica, é o polimorfo menos comum e é menos estável termodinamicamente do que a anatase e o rutilo. Embora seja menos utilizada em aplicações comerciais, a brookite tem mostrado propriedades fotocatalíticas promissoras, particularmente em estruturas compostas com anatase ou rutilo, onde pode aumentar a eficiência catalítica global. A brookite é frequentemente sintetizada sob a forma de nanocristais irregulares ou semelhantes a plaquetas, embora o controlo da sua morfologia continue a ser mais difícil do que o da anatase e do rutilo.

Para além destes polimorfos, a **morfologia** das nanopartículas de TiO_2 é fundamental para determinar o seu desempenho em várias aplicações. A capacidade de projetar TiO_2 na forma de **nanotubos**, **nanofios**, **nanobastões**, **nanofibras** e **nanofolhas** expandiu sua utilidade em campos como armazenamento de energia, catálise e remediação ambiental. Por exemplo, os nanotubos de TiO_2 fornecem uma grande área de superfície e uma estrutura altamente ordenada, tornando-os ideais para utilização em células solares sensibilizadas por corantes e aplicações electroquímicas. Do mesmo modo, os nanofios e os nanobastões, devido ao seu elevado rácio de aspeto, oferecem propriedades melhoradas de transporte de electrões, melhorando a eficiência dos processos fotocatalíticos e fotoelectroquímicos.

Em resumo, a estrutura cristalina e a morfologia do TiO_2 são factores-chave que determinam a sua funcionalidade numa vasta gama de aplicações. Ao controlar as condições de síntese, os pesquisadores podem produzir seletivamente as fases anatase, rutilo ou brookita e ajustar ainda mais a forma e o tamanho das partículas para otimizar seu desempenho. Esta capacidade de manipular tanto a estrutura cristalina como a morfologia do TiO_2 tornou-o num dos materiais mais versáteis e amplamente estudados nos campos da nanotecnologia, catálise e ciência dos materiais.

2.3 Propriedades ópticas e fotocatalíticas

O dióxido de titânio (TiO_2) é conhecido pelas suas excepcionais propriedades **ópticas** e **fotocatalíticas**, o que o torna um dos materiais mais estudados e amplamente utilizados em domínios que vão desde a remediação ambiental às energias renováveis. A sua capacidade para absorver a luz ultravioleta (UV) e iniciar reacções fotoquímicas levou à sua utilização em aplicações como a fotocatálise, superfícies autolimpantes, purificação do ar e da água e recolha de energia solar. As propriedades ópticas e fotocatalíticas do TiO_2 são largamente governadas pelo seu bandgap, fase cristalina, tamanho de partícula e caraterísticas de superfície, que podem ser adaptadas através de técnicas de síntese e modificação.

O TiO_2 é um **semicondutor de banda larga**, com a fase anatase a ter um intervalo de banda de aproximadamente 3,2 eV e a fase rutilo um intervalo de banda ligeiramente mais estreito de 3,0 eV. Este bandgap permite ao TiO_2 absorver a luz UV, que constitui apenas cerca de 5% do espetro solar. Quando expostos à luz UV, os electrões da banda de valência do TiO_2 são excitados para a banda de condução, deixando para trás buracos positivos na banda de valência. Estes pares de electrões e buracos fotogerados são a base da atividade fotocatalítica do TiO_2. Os electrões e os buracos migram para a superfície, onde participam em reacções redox. Os electrões podem reduzir o oxigénio molecular (O_2) para formar aniões superóxido (O_2-), enquanto os buracos podem oxidar água ou iões hidróxido (OH-) para formar radicais hidroxilo (-OH). Essas espécies reativas de oxigênio são oxidantes altamente potentes, capazes de degradar uma ampla gama de poluentes orgânicos, bactérias e outros contaminantes, tornando o TiO_2 um fotocatalisador eficaz para limpeza e esterilização ambiental.

A eficiência fotocatalítica do TiO_2 é fortemente influenciada pela sua **fase cristalina** e pelo **tamanho das partículas**. A fase anatase é geralmente considerada mais ativa fotocataliticamente do que a fase rutilo devido à sua maior área de superfície, melhor mobilidade dos portadores de carga e taxa de recombinação mais lenta dos pares eletrão-buraco. No entanto, o rutilo é termodinamicamente mais estável e durável, o que o torna adequado para aplicações que requerem estabilidade a longo prazo em condições adversas. As nanopartículas de TiO_2, especialmente as da fase anatase, exibem uma atividade fotocatalítica melhorada em comparação com os materiais a granel devido à sua elevada relação superfície/volume, que proporciona mais locais activos para reacções fotocatalíticas. Além disso, quanto menor for o tamanho da partícula, menor será a distância que os pares de electrões e buracos têm de percorrer para chegar à superfície, reduzindo a probabilidade de recombinação e aumentando a eficiência fotocatalítica global.

Em termos de **propriedades ópticas**, o TiO_2 é altamente transparente na região visível do espetro, tornando-o adequado para utilização em revestimentos ópticos, protectores solares e materiais condutores transparentes. O seu elevado índice de refração (2,5 para a anatase e 2,7 para o rutilo) confere-lhe excelentes propriedades de dispersão da luz, razão pela qual o TiO_2 rutilo é amplamente utilizado como pigmento branco em tintas, revestimentos e plásticos. Nos protectores solares, as nanopartículas de TiO_2 actuam como um bloqueador físico da radiação UV, protegendo a pele através da reflexão e dispersão dos raios UV nocivos. A transparência destas nanopartículas à luz visível garante que não transmitem um tom branco quando aplicadas na pele, tornando-as ideais para aplicações cosméticas.

Um dos desafios da **fotocatálise** é o facto de o TiO_2 só poder utilizar a parte UV da luz solar, limitando a sua eficiência solar global. Para resolver este problema, uma investigação significativa centrou-se na modificação do TiO_2 para alargar a sua absorção de luz ao espetro visível, que compreende cerca de 45% da luz solar. Métodos como a dopagem com elementos metálicos e não metálicos (por exemplo, nitrogênio, carbono, enxofre), incorporando TiO_2 em nanocompósitos e sensibilizando TiO_2 com corantes orgânicos ou pontos quânticos foram explorados para estreitar o bandgap e melhorar a fotocatálise orientada para a luz visível. Essas modificações visam aumentar a utilidade do TiO_2 em aplicações de energia solar, como em células solares sensibilizadas por corantes (DSSCs) e geração de hidrogênio fotocatalítico.

Em resumo, as propriedades ópticas e fotocatalíticas do TiO_2 são essenciais para a sua utilização generalizada numa variedade de aplicações. A sua capacidade para absorver a luz UV e gerar espécies reactivas de oxigénio sustenta a sua eficácia na remediação e esterilização ambiental, enquanto a sua transparência ótica e o seu elevado índice de refração o tornam valioso em revestimentos e protectores solares. Os avanços na modificação e dopagem de materiais estão a expandir ainda mais as capacidades do TiO_2, permitindo-lhe responder à luz visível e reforçando o seu papel nas tecnologias de energias renováveis e nos sistemas fotocatalíticos avançados.

Capítulo 3: Técnicas de modificação da superfície

Introdução

A modificação da superfície do dióxido de titânio (TiO_2) é uma estratégia crítica utilizada para melhorar as suas propriedades e expandir as suas aplicações em domínios como a fotocatálise, a remediação ambiental, a medicina e o armazenamento de energia. Embora as nanopartículas de TiO_2 apresentem excelentes propriedades fotocatalíticas, ópticas e antimicrobianas, o seu desempenho em várias aplicações pode ser significativamente melhorado através da modificação da superfície. Estas técnicas foram concebidas para ultrapassar limitações como a baixa absorção de luz visível, a rápida recombinação de pares eletrão-buraco, a fraca dispersão em solventes e a seletividade insuficiente. São utilizados vários métodos para modificar a superfície das nanopartículas de TiO_2, incluindo **dopagem**, **sensibilização**, **revestimento** e **funcionalização** com materiais orgânicos e inorgânicos.

A dopagem é uma das técnicas de modificação de superfície mais utilizadas, em que átomos ou iões estranhos, tais como metais (por exemplo, Fe, Cu, Ag) ou não metais (por exemplo, azoto, enxofre, carbono), são incorporados na rede do TiO_2. A dopagem metálica introduz novos níveis de energia no intervalo de banda do TiO_2, permitindo a absorção de luz visível e aumentando a sua atividade fotocatalítica sob irradiação solar. A dopagem não metálica, em particular com elementos como o azoto e o carbono, é também eficaz no estreitamento do "bandgap" e no aumento da sensibilidade à luz visível, sem introduzir locais prejudiciais de recombinação eletrão-furo que podem ocorrer com a dopagem metálica. Ao selecionar cuidadosamente os dopantes, as propriedades electrónicas do TiO_2 podem ser ajustadas para melhorar a sua eficiência em aplicações como a conversão de energia solar e a desintoxicação ambiental.

A sensibilização do TiO_2 é outro método utilizado para melhorar as suas propriedades fotocatalíticas, especialmente para aplicações de luz visível. Nesta técnica, as nanopartículas de TiO_2 são combinadas com materiais absorventes de luz, como corantes orgânicos, pontos quânticos ou semicondutores com um bandgap menor. Nas **células solares sensibilizadas por corantes (DSSC)**, por exemplo, os corantes orgânicos são adsorvidos na superfície do TiO_2, onde absorvem a luz visível e transferem os electrões excitados para a banda de condução do TiO_2, iniciando processos fotocatalíticos. Os pontos quânticos (por exemplo, CdS, PbS) também podem ser usados para sensibilizar o TiO_2, onde seu bandgap ajustável permite a absorção eficiente de luz em uma faixa mais ampla de comprimentos de onda. A sensibilização estende significativamente a absorção de luz do TiO_2 no espetro visível, o que é crítico para aplicações em energia solar e produção de hidrogénio fotocatalítico.

O revestimento da superfície do TiO_2 com outros materiais é outra técnica de modificação da superfície utilizada para melhorar as suas propriedades. O revestimento do TiO_2 com metais como o ouro (Au) ou a prata (Ag) aumenta a sua atividade fotocatalítica devido ao efeito plasmónico, em que as nanopartículas metálicas podem absorver a luz visível e criar electrões quentes que se transferem para a superfície do TiO_2, promovendo reacções fotocatalíticas. Além disso, o revestimento de TiO_2 com óxidos como sílica (SiO_2) ou alumina (Al_2O_3) pode melhorar sua estabilidade, dispersibilidade em vários solventes e biocompatibilidade. Estes revestimentos também podem impedir a recombinação de pares de electrões-furos fotogerados, aumentando assim a eficiência fotocatalítica. Em aplicações ambientais, o revestimento da superfície com polímeros ou surfactantes ajuda a melhorar a dispersão do TiO_2 em soluções aquosas e garante uma melhor interação com poluentes ou moléculas alvo.

A funcionalização de nanopartículas de TiO_2 com moléculas orgânicas é outra abordagem versátil de modificação de superfície, especialmente em aplicações biomédicas. Ao enxertar ou adsorver grupos funcionais (por exemplo, grupos carboxilo, amina ou tiol) na superfície do TiO_2, a sua compatibilidade química com sistemas biológicos pode ser melhorada, tornando-o adequado para a administração de medicamentos, bioimagem e engenharia de tecidos. A funcionalização orgânica também pode introduzir locais de ligação específicos para adsorção seletiva ou direcionamento de contaminantes em aplicações de tratamento de água. Além disso, a funcionalização do TiO_2 com agentes antimicrobianos ou polímeros aumenta suas propriedades antibacterianas, tornando-o útil para o desenvolvimento de superfícies autolimpantes e antibacterianas.

A passivação da superfície é outra técnica importante de modificação da superfície, particularmente em aplicações em que as nanopartículas de TiO_2 são utilizadas em dispositivos fotoelectroquímicos. A passivação da superfície envolve o revestimento da superfície do TiO_2 com camadas finas de materiais inertes, como o grafeno ou materiais à base de carbono, para reduzir a recombinação de cargas e melhorar o transporte de electrões. Isto é especialmente útil em células solares e dispositivos fotoelectroquímicos de separação de água, onde a separação eficiente de cargas é fundamental para maximizar a eficiência da conversão de energia.

Em conclusão, as técnicas de modificação da superfície das nanopartículas de TiO_2 são essenciais para otimizar o seu desempenho numa vasta gama de aplicações. Ao empregar métodos como dopagem, sensibilização, revestimento, funcionalização e passivação, os pesquisadores podem adaptar as propriedades da superfície do TiO_2 para superar suas limitações inerentes e desbloquear todo o seu potencial em fotocatálise, conversão de energia, limpeza ambiental e biomedicina. O desenvolvimento contínuo de estratégias de modificação da superfície garantirá que o TiO_2 continue a ser um material fundamental na nanotecnologia e na ciência aplicada.

3.1 Revestimento com moléculas orgânicas e polímeros

O revestimento de dióxido de titânio (TiO_2) com moléculas orgânicas e polímeros é uma estratégia de modificação de superfície altamente eficaz que melhora o seu desempenho em aplicações como a administração de medicamentos, catálise, sensores, tratamento de água e biomedicina. Os revestimentos e polímeros orgânicos proporcionam ao TiO_2 uma maior estabilidade química, maior biocompatibilidade, melhor dispersibilidade em solventes e funcionalidades de superfície personalizadas. Estas modificações abordam muitas das limitações das nanopartículas de TiO_2 nuas, como a aglomeração, a seletividade limitada e a falta de interação com ambientes biológicos ou químicos. Ao enxertar ou adsorver moléculas orgânicas e polímeros na superfície do TiO_2, as suas propriedades podem ser ajustadas com precisão para satisfazer necessidades específicas de aplicação.

Uma das razões mais importantes para revestir o TiO_2 com **moléculas orgânicas** é melhorar sua **biocompatibilidade** para uso em aplicações biomédicas, como entrega de medicamentos, bioimagem e engenharia de tecidos. Moléculas orgânicas como péptidos, proteínas e pequenas moléculas contendo grupos funcionais (por exemplo, grupos amina, carboxilo ou hidroxilo) podem ser enxertadas na superfície do TiO_2. Estes revestimentos orgânicos ajudam a reduzir a toxicidade potencial do TiO_2, impedindo o contacto direto entre a superfície das nanopartículas e os tecidos biológicos, aumentando assim a sua compatibilidade com os organismos vivos. Além disso, as moléculas orgânicas podem atuar como ligandos funcionais que permitem que as nanopartículas de TiO_2 tenham como alvo células ou receptores específicos, o que é especialmente útil em sistemas de administração de medicamentos. Por exemplo, o polietilenoglicol (PEG) é um polímero frequentemente utilizado para revestir nanopartículas de TiO_2 para melhorar a sua solubilidade em água, reduzir a adsorção de proteínas e aumentar o tempo de circulação na corrente sanguínea.

Na **catálise** e no **tratamento da água**, o TiO_2 pode ser revestido com moléculas orgânicas para melhorar a sua interação com poluentes ou substratos específicos. As moléculas orgânicas com grupos de ligação como carboxilatos, sulfonatos ou fosfonatos podem ser ancoradas na superfície do TiO_2, permitindo que as nanopartículas adsorvam poluentes alvo ou actuem como locais catalíticos específicos. A presença de revestimentos orgânicos também pode melhorar a **dispersibilidade** do TiO_2 em solventes aquosos e orgânicos, superando a tendência natural de agregação das nanopartículas de TiO_2 nuas. Isto é fundamental para garantir que o TiO_2 permanece ativo e bem distribuído em reacções catalíticas ou em sistemas ambientais onde os poluentes têm de ser capturados e degradados de forma eficiente.

Os polímeros, incluindo variantes sintéticas e naturais, também são amplamente utilizados para revestir nanopartículas de TiO_2 para várias aplicações industriais e biomédicas. **Os revestimentos poliméricos** oferecem várias vantagens, como a capacidade de controlar o tamanho, a forma e a carga das nanopartículas, o que melhora a estabilidade e a funcionalidade do TiO_2 em diferentes ambientes. Por exemplo, o revestimento de TiO_2 com polímeros biocompatíveis como o **quitosano**, **o ácido poliláctico (PLA)** ou **o álcool polivinílico (PVA)** pode aumentar a capacidade das nanopartículas para interagir com sistemas biológicos sem causar respostas imunitárias prejudiciais ou citotoxicidade. Em aplicações ambientais, polímeros como o **sulfonato de poliestireno (PSS)** ou **o ácido poliacrílico (PAA)** são frequentemente utilizados para revestir nanopartículas de TiO_2 para melhorar a sua dispersibilidade na água e aumentar a sua capacidade de adsorver contaminantes.

Em **aplicações fotocatalíticas**, os revestimentos de moléculas orgânicas e polímeros podem melhorar ainda mais a eficiência do TiO_2. Ao incorporar **fotossensibilizadores** ou **corantes** no revestimento orgânico, o TiO_2 modificado na superfície pode absorver luz visível, aumentando sua atividade fotocatalítica além do espetro UV. Isso amplia a usabilidade do TiO_2 em reações impulsionadas pela luz solar, como a divisão solar da água ou a degradação de poluentes. As moléculas orgânicas também podem impedir a recombinação de pares de electrões e buracos fotogerados, aumentando ainda mais a eficiência do TiO_2 na fotocatálise.

Além disso, o revestimento de TiO_2 com **polímeros reactivos** permite o desenvolvimento de materiais inteligentes. Esses polímeros podem responder a estímulos ambientais, como mudanças no pH, temperatura ou luz, fazendo com que as nanopartículas de TiO_2 alterem seu comportamento ou liberem drogas encapsuladas de maneira controlada. Isto faz com que as nanopartículas de TiO_2 revestidas com polímeros sejam particularmente úteis em sistemas **de administração de fármacos direcionados**, em que um estímulo do ambiente biológico desencadeia a libertação de agentes terapêuticos diretamente no local da doença.

Em resumo, o revestimento de TiO_2 com moléculas orgânicas e polímeros aumenta consideravelmente a sua versatilidade e funcionalidade numa série de aplicações. Seja melhorando a biocompatibilidade para usos médicos, aumentando a dispersibilidade e a seletividade para processos catalíticos ou melhorando a absorção de luz visível para fotocatálise, os revestimentos orgânicos e poliméricos oferecem propriedades de superfície adaptadas que superam as limitações do TiO_2 não modificado. Estes revestimentos expandem o potencial do TiO_2 como nanomaterial multifuncional em aplicações tecnológicas e biomédicas avançadas.

3.2 Funcionalização de superfícies inorgânicas

A Funcionalização de Superfície Inorgânica de TiO_2 refere-se à modificação de superfícies de dióxido de titânio (TiO_2) usando materiais inorgânicos para melhorar suas propriedades para várias aplicações. O TiO_2 é amplamente conhecido por suas excelentes propriedades fotocatalíticas, ópticas e eletrônicas, tornando-o valioso em campos como fotovoltaica, fotocatálise e sensores. No entanto, para otimizar o seu desempenho, a funcionalização da superfície é frequentemente necessária. A funcionalização da superfície inorgânica envolve a fixação ou deposição de outros materiais inorgânicos, como óxidos metálicos (por exemplo, ZnO, SiO_2, Al_2O_3), íons metálicos (por exemplo, Ag^+, Au^+) ou pontos quânticos, na superfície do TiO_2. Essas modificações podem melhorar a eficiência da separação de carga, alterar a energia da superfície, aumentar a absorção de luz ou aumentar a estabilidade sob várias condições ambientais.

Por exemplo, na fotocatálise, a funcionalização do TiO_2 com metais nobres como a platina ou a prata pode promover o aprisionamento de electrões, impedindo a recombinação de pares eletrão-buraco e melhorando assim a eficiência fotocatalítica. Da mesma forma, o revestimento de TiO_2 com sílica ou alumina pode aumentar a sua estabilidade térmica e melhorar a dispersão em suspensões, tornando-o mais eficaz para utilização em catálise heterogénea. Em aplicações fotovoltaicas, a dopagem do TiO_2 com metais de transição como o vanádio ou o manganês pode aumentar a mobilidade dos electrões e a absorção de luz, aumentando a eficiência das células solares sensibilizadas por corantes (DSSCs).

O método de funcionalização da superfície pode variar dependendo da aplicação desejada e pode envolver técnicas como o processamento sol-gel, a deposição de vapor químico ou a deposição de camada atómica. O objetivo é adaptar as propriedades da superfície do TiO_2 para satisfazer necessidades funcionais específicas, expandindo assim a sua utilidade em aplicações tecnológicas e industriais.

3.3 Ligandos, tensioactivos e biocompatibilidade

Ligantes, surfactantes e biocompatibilidade do TiO_2 são aspectos cruciais quando se considera o dióxido de titânio (TiO_2) para aplicações biomédicas e ambientais. O TiO_2 é amplamente utilizado em vários campos devido às suas excelentes propriedades ópticas, electrónicas e catalíticas. No entanto, suas caraterísticas de superfície, dispersibilidade em soluções e interação com sistemas biológicos precisam ser cuidadosamente gerenciadas, especialmente em aplicações como entrega de medicamentos, implantes médicos ou remediação ambiental. A química da superfície do TiO_2 pode ser modificada com ligandos e surfactantes para melhorar a sua estabilidade coloidal, reduzir a aglomeração e adaptar a sua interação com sistemas biológicos.

Os ligandos são moléculas que se podem ligar à superfície do TiO_2, normalmente através de ligações de coordenação, proporcionando estabilidade e funcionalidade à superfície. Estas podem incluir moléculas orgânicas, polímeros ou biomoléculas que podem ser concebidas para melhorar a reatividade da superfície ou a biocompatibilidade do TiO_2. Ao ligar ligandos, a superfície do TiO_2 pode ser tornada mais hidrofílica ou hidrofóbica, dependendo da aplicação desejada. Por exemplo, a PEGilação (ligação de cadeias de polietilenoglicol) pode aumentar a hidrofilicidade e o tempo de circulação das nanopartículas de TiO_2 em sistemas biológicos, reduzindo o reconhecimento e a depuração do sistema imunitário.

Os tensioactivos são moléculas anfifílicas que podem adsorver-se à superfície do TiO_2, criando uma camada protetora que reduz as interações partícula-partícula e impede a agregação em soluções aquosas ou orgânicas. Isto é particularmente importante quando se trabalha com nanopartículas, onde as forças de van der Waals ou as atracções electrostáticas podem levar à agregação e à redução da eficácia. Os surfactantes, como o dodecil sulfato de sódio (SDS) ou o brometo de cetiltrimetilamónio (CTAB), são normalmente utilizados para melhorar a dispersão das nanopartículas de TiO_2 em solventes. O tipo e a concentração de surfactantes podem influenciar significativamente a estabilidade e a funcionalidade do TiO_2 em vários meios, incluindo fluidos biológicos ou ambientes ambientais.

A biocompatibilidade refere-se à forma como o TiO_2 interage com sistemas biológicos, incluindo células, tecidos e órgãos, sem causar reacções adversas como toxicidade ou inflamação. Enquanto o TiO_2 a granel é geralmente considerado biocompatível e é usado em produtos como protetores solares e implantes, a biocompatibilidade das nanopartículas de TiO_2 pode variar dependendo de fatores como tamanho da partícula, forma, carga superficial e modificações superficiais. A funcionalização da superfície com ligandos biocompatíveis ou surfactantes pode ajudar a mitigar a toxicidade potencial, reduzindo o stress oxidativo, minimizando a adsorção de proteínas e controlando a libertação de espécies reactivas de oxigénio (ROS). Em aplicações biomédicas, garantir a biocompatibilidade do TiO_2 é fundamental para evitar respostas imunitárias indesejadas e garantir uma integração segura no corpo, seja para sistemas de administração de medicamentos, biossensores ou engenharia de tecidos.

De um modo geral, a interação entre ligandos, tensioactivos e biocompatibilidade é essencial para adaptar o TiO_2 a utilizações específicas, particularmente no domínio biomédico, onde tanto a funcionalidade como a segurança são fundamentais.

Capítulo 4: Aplicações das nanopartículas de TiO_2 modificadas à superfície

As aplicações das nanopartículas de TiO_2 modificadas à superfície abrangem uma vasta gama de domínios, incluindo a remediação ambiental, a fotocatálise, as aplicações biomédicas e a produção de energia, todas elas tirando partido das propriedades únicas conferidas pelas modificações da superfície. A modificação da superfície das nanopartículas de TiO_2 pode melhorar significativamente a sua funcionalidade e adaptabilidade, tornando-as adequadas para aplicações específicas. Na remediação ambiental, por exemplo, as nanopartículas de TiO_2 modificadas à superfície podem degradar eficazmente os poluentes através de processos fotocatalíticos, em que modificações como a dopagem com metais ou a funcionalização com ligandos orgânicos melhoram a absorção da luz e a dinâmica dos portadores de carga, permitindo uma degradação mais eficiente de contaminantes orgânicos e agentes patogénicos na água e no ar. No campo da fotocatálise, as modificações podem aumentar a atividade fotocatalítica sob luz visível, tornando o TiO_2 mais eficaz para aplicações de energia solar, como a produção de hidrogénio através da separação de água ou redução de CO_2, melhorando as suas propriedades de absorção de luz e eficiência de separação de electrões e buracos.

Em aplicações biomédicas, as nanopartículas de TiO_2 modificadas à superfície são cada vez mais utilizadas para sistemas de administração de fármacos e agentes de imagiologia. Através da funcionalização da superfície com polímeros biocompatíveis ou ligandos, estas nanopartículas podem melhorar a eficiência da carga de fármacos, assegurar a libertação controlada e melhorar a absorção celular, aumentando assim a eficácia terapêutica e minimizando os efeitos secundários. Além disso, as suas propriedades fotocatalíticas podem ser exploradas para a terapia fototérmica, em que as nanopartículas geram calor localizado para destruir seletivamente as células cancerígenas após irradiação de luz. A incorporação de ligandos específicos pode também facilitar a administração direcionada para locais tumorais, reduzindo a toxicidade para os tecidos saudáveis.

Além disso, no domínio da produção de energia, as nanopartículas de TiO_2 modificadas à superfície são utilizadas em células solares sensibilizadas por corantes (DSSC), em que as suas propriedades de superfície são adaptadas para melhorar a adsorção de corantes e o transporte de electrões. A modificação pode melhorar a estabilidade e a eficiência das células solares, tornando-as mais competitivas com a energia fotovoltaica tradicional baseada em silício. Além disso, nos sensores, as nanopartículas de TiO_2 podem ser modificadas para melhorar a sua sensibilidade e seletividade na deteção de gases ou marcadores biológicos, reforçando a sua aplicação na monitorização ambiental e no diagnóstico de cuidados de saúde.

Globalmente, a versatilidade das nanopartículas de TiO_2 modificadas à superfície permite a sua aplicação em múltiplos sectores, impulsionada pela capacidade de adaptar as suas propriedades de superfície para funcionalidades específicas. Esta adaptabilidade não só melhora o seu desempenho em aplicações existentes, mas também abre novas vias para a inovação em nanotecnologia e ciência dos materiais.

4.1 Fotocatálise para a purificação da água e do ar

A fotocatálise para purificação de água e ar usando TiO_2 é um método promissor e cada vez mais utilizado para lidar com a poluição ambiental, aproveitando as propriedades fotocatalíticas únicas do dióxido de titânio (TiO_2). Quando exposto à luz ultravioleta (UV), o TiO_2 gera pares de elétrons-furos que podem iniciar reações redox com contaminantes circundantes, levando à degradação de poluentes orgânicos, patógenos e compostos orgânicos voláteis (VOCs) na água e no ar. Na purificação da água, a fotocatálise do TiO_2 decompõe eficazmente uma vasta gama de poluentes orgânicos, tais como corantes, pesticidas e produtos farmacêuticos, através de processos como a oxidação e a mineralização, convertendo substâncias nocivas em produtos finais benignos como o dióxido de carbono e a água. A eficiência deste processo pode ser significativamente melhorada através de modificações da superfície, como a dopagem com metais (por exemplo, prata ou platina) ou não metais (por exemplo, azoto ou enxofre), que podem reduzir o intervalo de banda do TiO_2, permitindo uma maior absorção de luz visível e uma melhor separação de cargas. Isto alarga o espetro de luz que pode ativar o fotocatalisador, tornando o processo mais aplicável em condições de luz solar natural.

Na purificação do ar, a fotocatálise do TiO_2 visa a decomposição de poluentes do ar interior e exterior, incluindo óxidos de azoto (NOx), dióxido de enxofre (SO_2) e vários COV. Após a irradiação UV, o TiO_2 pode oxidar esses gases nocivos, convertendo-os em substâncias menos nocivas. A aplicação do TiO_2 em purificadores de ar fotocatalíticos tem demonstrado reduzir eficazmente a poluição do ar interior e mitigar os odores. As inovações neste domínio incluem o desenvolvimento de revestimentos de TiO_2 para materiais de construção e filtros, que podem purificar continuamente o ar em espaços fechados sem a necessidade de consumos energéticos significativos.

No entanto, vários desafios devem ser abordados para otimizar a fotocatálise do TiO_2 para aplicações práticas, incluindo a necessidade de uma utilização eficiente da luz solar, o aumento da estabilidade do catalisador e a prevenção da recombinação de pares de electrões e buracos. Os investigadores estão a explorar ativamente várias estratégias, tais como a incorporação de nanomateriais, a otimização de designs de reactores e a exploração de sistemas fotocatalíticos híbridos, para melhorar o desempenho e a longevidade do TiO_2 em processos fotocatalíticos. Globalmente, a utilização de TiO_2 em fotocatálise apresenta uma abordagem sustentável e eficaz para combater a poluição da água e do ar, contribuindo para ambientes mais limpos e uma melhor saúde pública.

4.2 Fotovoltaicos e células solares

As nanopartículas de TiO_2 em fotovoltaicos e células solares desempenham um papel fundamental no avanço das tecnologias de energia solar, principalmente devido às suas excepcionais propriedades fotocatalíticas, estabilidade e versatilidade. O dióxido de titânio é normalmente utilizado em células solares sensibilizadas por corantes (DSSCs), um tipo de célula solar que converte a luz solar em eletricidade utilizando uma camada semicondutora, tipicamente composta por nanopartículas de TiO_2, revestida com um corante que absorve a luz. As propriedades únicas do TiO_2, em particular o seu grande intervalo de banda e a sua elevada mobilidade de electrões, permitem-lhe facilitar eficazmente a geração e o transporte de portadores de carga após a absorção da luz. Nas DSSCs, as nanopartículas de TiO_2 criam uma estrutura porosa que maximiza a área de superfície disponível para a adsorção do corante, aumentando a absorção global da luz e melhorando assim a eficiência da célula.

Adicionalmente, o TiO_2 é utilizado como material fotoanódico, onde modificações como a dopagem com elementos metálicos ou não metálicos podem ser empregues para adaptar as suas propriedades electrónicas e aumentar a captação de luz no espetro visível. Os investigadores exploraram várias estratégias de dopagem, incluindo a incorporação de elementos como o azoto, o carbono ou os metais de transição, que ajudam a diminuir o intervalo de banda do TiO_2 e a melhorar a sua capacidade de resposta à luz solar. Além disso, o TiO_2 pode ser combinado com outros materiais, como perovskitas ou fotovoltaicos orgânicos, para criar arquitecturas de células solares híbridas que capitalizam as vantagens complementares de cada material, aumentando a eficiência e a estabilidade globais.

Além disso, a estabilidade inerente e a resistência à corrosão do TiO_2 tornam-no particularmente adequado para aplicações externas de longo prazo, garantindo que as células solares mantenham o seu desempenho ao longo do tempo, mesmo em condições ambientais adversas. A utilização de nanopartículas de TiO_2 na energia fotovoltaica também se alinha com práticas sustentáveis, uma vez que o TiO_2 é abundante, não tóxico e amigo do ambiente. A investigação em curso continua a centrar-se na otimização da morfologia do TiO_2, como a utilização de nanotubos ou nanofios, para aumentar ainda mais a eficiência da recolha de carga e reduzir as perdas de recombinação, que são factores críticos para melhorar o desempenho global das células solares. No geral, as nanopartículas de TiO_2 representam um componente crucial no desenvolvimento de tecnologias fotovoltaicas eficientes, duráveis e ambientalmente sustentáveis, contribuindo significativamente para a transição global para fontes de energia renováveis.

4.3 Sistemas de administração de medicamentos

Os nanomateriais de TiO_2 em sistemas de administração de fármacos têm atraído uma atenção significativa no campo da nanomedicina devido às suas propriedades únicas que aumentam a eficácia terapêutica e a administração de fármacos direcionados. O dióxido de titânio, conhecido pela sua biocompatibilidade e baixa toxicidade, serve como um excelente transportador para uma variedade de agentes terapêuticos, incluindo quimioterápicos, antibióticos e anti-inflamatórios. A forma nanoestruturada do TiO_2 permite o aumento da área de superfície, o que facilita maiores capacidades de carga de fármacos e melhores perfis de libertação. Podem ser feitas modificações à superfície do TiO_2 para melhorar a sua interação com os sistemas biológicos; por exemplo, a funcionalização com ligandos ou biomoléculas pode permitir a ligação selectiva a tipos de células ou tecidos específicos, como as células cancerígenas, minimizando assim os efeitos secundários e maximizando o impacto terapêutico.

Além disso, os nanomateriais de TiO_2 podem ser concebidos para responder a estímulos externos, como a luz, o pH ou a temperatura, permitindo a libertação controlada e sustentada dos fármacos encapsulados. Por exemplo, as nanopartículas de

TiO_2 podem ser activadas por luz UV ou visível para libertar as suas cargas terapêuticas de forma localizada, proporcionando uma abordagem inovadora à administração de medicamentos a pedido. Esta propriedade fototérmica também pode ser explorada em aplicações de fototerapia, em que as nanopartículas geram calor localizado após irradiação de luz, aumentando a eficácia do fármaco e reduzindo simultaneamente os danos nos tecidos saudáveis circundantes.

As propriedades fotocatalíticas do TiO_2 também podem ser utilizadas para gerar espécies reativas de oxigênio (ROS) após a exposição à luz, o que pode aumentar ainda mais os efeitos terapêuticos em aplicações como o tratamento do câncer, onde ROS pode induzir estresse oxidativo em células tumorais. Além disso, a incorporação de TiO_2 em sistemas de entrega de medicamentos oferece benefícios potenciais no aumento da solubilidade e estabilidade de medicamentos pouco solúveis, o que é um desafio comum em farmacologia. De um modo geral, os nanomateriais de TiO_2 constituem uma plataforma versátil para o desenvolvimento de sistemas avançados de administração de fármacos, combinando a administração direcionada, a libertação controlada e a melhoria dos resultados terapêuticos, o que os torna uma opção promissora para enfrentar vários desafios médicos. A investigação em curso nesta área continua a explorar novas formulações e combinações para otimizar os sistemas à base de TiO_2 para aplicações terapêuticas específicas, abrindo caminho para tratamentos mais eficazes em contextos clínicos.

4.4 Terapia fotodinâmica e aplicações biomédicas

A Terapia Fotodinâmica (PDT) e as Aplicações Biomédicas das Nanopartículas de TiO_2 representam uma abordagem inovadora no tratamento de várias doenças, em particular o cancro, aproveitando as propriedades fotocatalíticas e fotofísicas únicas das nanopartículas de dióxido de titânio (TiO_2). A PDT é uma modalidade de tratamento minimamente invasiva que envolve a administração de um agente fotossensibilizador, que é ativado após exposição à luz, normalmente no espetro visível ou infravermelho próximo. As nanopartículas de TiO_2 servem como fotossensibilizadores eficazes, gerando espécies reactivas de oxigénio (ROS) quando irradiadas, o que pode induzir seletivamente efeitos citotóxicos em células-alvo, tais como células cancerosas ou infectadas, minimizando os danos nos tecidos saudáveis circundantes. A eficiência do TiO_2 na geração de ROS é significativamente aumentada pela modificação de suas propriedades de superfície, como dopagem com metais de transição ou revestimento com compostos orgânicos, o que pode melhorar a absorção de luz e o processo geral de transferência de energia.

Para além da terapia do cancro, as nanopartículas de TiO_2 estão a ser exploradas para várias aplicações biomédicas, incluindo a terapia antimicrobiana, a cicatrização de feridas e a imagiologia. As propriedades antimicrobianas do TiO_2, activadas por luz UV ou visível, permitem-lhe erradicar eficazmente um amplo espetro de agentes patogénicos, tornando-o um candidato atraente para o tratamento de infecções, especialmente no tratamento de feridas e em dispositivos médicos. Além disso, a capacidade das nanopartículas de TiO_2 para promover a proliferação e migração de fibroblastos tem sido utilizada para melhorar os processos de cicatrização de feridas, sugerindo o seu potencial na medicina regenerativa.

Para além disso, as nanopartículas de TiO_2 podem ser funcionalizadas com ligandos de direcionamento, aumentando a sua especificidade para determinados tipos de células ou tecidos. Esta capacidade de segmentação pode ser particularmente benéfica em terapias combinadas, onde as nanopartículas de TiO_2 podem fornecer agentes quimioterapêuticos diretamente aos locais do tumor, permitindo efeitos sinérgicos que melhoram a eficácia do tratamento, reduzindo a toxicidade sistémica. Além disso, as suas fortes propriedades de dispersão tornam as nanopartículas de TiO_2 úteis como agentes de contraste em técnicas de imagiologia, melhorando a visibilidade de tumores ou outras condições patológicas durante os procedimentos de diagnóstico.

No geral, a multifuncionalidade das nanopartículas de TiO_2 na terapia fotodinâmica e em várias aplicações biomédicas destaca o seu potencial como ferramentas versáteis na medicina moderna. A investigação em curso continua a otimizar a sua formulação, modificação da superfície e métodos de ativação, com o objetivo de aumentar a sua eficácia terapêutica e alargar as suas aplicações clínicas, contribuindo, em última análise, para estratégias de tratamento mais eficazes e direcionadas em oncologia e gestão de doenças infecciosas.

Capítulo 5: Desafios e direcções futuras

Introdução

Os desafios e as direcções futuras dos nanomateriais de TiO_2 abrangem uma série de questões técnicas, ambientais e regulamentares que têm de ser abordadas para aproveitar plenamente o seu potencial em várias aplicações, incluindo a catálise, a energia fotovoltaica e a biomedicina. Um dos principais desafios é a otimização da eficiência fotocatalítica do TiO_2, particularmente sob luz visível, uma vez que o TiO_2 convencional absorve principalmente luz UV. Os investigadores estão a explorar ativamente várias estratégias de dopagem e materiais compósitos para melhorar as suas capacidades de absorção de luz e melhorar a separação de cargas, que são críticas para aumentar a atividade fotocatalítica. Outra preocupação significativa é a aglomeração de nanopartículas de TiO_2 em ambientes aquosos, o que pode afetar negativamente a sua estabilidade e eficácia. O desenvolvimento de modificações de superfície robustas e de agentes dispersantes para manter a estabilidade coloidal é essencial para garantir um desempenho consistente em aplicações como a administração de medicamentos e a remediação ambiental.

Além disso, a biocompatibilidade e a toxicidade potencial dos nanomateriais de TiO_2, particularmente em aplicações biomédicas, requerem uma investigação aprofundada. Embora o TiO_2 seja geralmente considerado seguro, o impacto do tamanho, forma e modificações da superfície das nanopartículas nas interações celulares e na toxicidade sistémica continua a ser uma área crucial de investigação. Os estudos futuros devem centrar-se em avaliações toxicológicas abrangentes para melhor compreender as implicações da utilização do TiO_2 em contextos clínicos e garantir a segurança dos doentes.

Em termos de impacto ambiental, a análise do ciclo de vida dos nanomateriais de TiO_2 é necessária para avaliar a sua sustentabilidade e potenciais efeitos ecológicos. Isto inclui a compreensão das suas vias de degradação, a potencial acumulação nos ecossistemas e as interações com outros materiais ou organismos. Os quadros regulamentares têm de se adaptar a estas tecnologias emergentes, estabelecendo diretrizes que garantam a segurança e, ao mesmo tempo, promovam a inovação.

Olhando para o futuro, as direcções futuras para os nanomateriais de TiO_2 são promissoras e multifacetadas. Os avanços contínuos nas técnicas de nanofabricação poderão levar ao desenvolvimento de nanoestruturas mais complexas que optimizem as suas propriedades para aplicações específicas. A integração do TiO_2 com outros nanomateriais ou a utilização de abordagens híbridas poderá melhorar a sua funcionalidade em domínios como a fotocatálise, a conversão de energia e as terapias biomédicas. Além disso, a exploração do TiO_2 em novas aplicações, incluindo armazenamento de energia, sensores ambientais e materiais inteligentes, poderia abrir novas vias para a investigação e utilização comercial. Em última análise, uma abordagem multidisciplinar que combine a ciência dos materiais, a engenharia e a biologia será crucial para ultrapassar os desafios existentes e concretizar todo o potencial dos nanomateriais de TiO_2 em vários domínios.

5.1 Considerações sobre segurança e toxicidade

As considerações de segurança e toxicidade das nanopartículas de TiO_2 são aspectos críticos que devem ser cuidadosamente avaliados à medida que estes materiais ganham proeminência em várias aplicações, incluindo a remediação ambiental, a administração de medicamentos e as terapias biomédicas. Embora o dióxido de titânio seja geralmente considerado seguro na sua forma a granel e tenha uma longa história de utilização em produtos de consumo, as implicações da sua forma em nanoescala levantam importantes preocupações de segurança devido às suas propriedades físico-químicas únicas, tais como maior reatividade, área de superfície e potencial de absorção celular. Estudos indicaram que as nanopartículas de TiO_2 podem exibir efeitos citotóxicos dependendo de factores como o tamanho da partícula, a forma, a carga superficial e o estado de aglomeração, que podem influenciar as suas interações com sistemas biológicos. Por exemplo, as nanopartículas mais pequenas podem penetrar mais facilmente nas membranas celulares, levando potencialmente ao stress oxidativo e à inflamação.

A exposição por inalação a nanopartículas de TiO_2, particularmente em ambientes profissionais, tem sido associada a problemas respiratórios, levando os organismos reguladores a estabelecer diretrizes para limitar a exposição nos locais de trabalho. Além disso, o destino ambiental das nanopartículas de TiO_2 também merece atenção, uma vez que a sua libertação nos ecossistemas pode representar riscos para os organismos aquáticos e terrestres. A investigação das vias de degradação do TiO_2 em várias condições ambientais é essencial para compreender os seus impactos a longo prazo nos ecossistemas.

Para garantir a segurança, é imperativo realizar avaliações toxicológicas exaustivas que considerem não só a toxicidade aguda, mas também os efeitos da exposição crónica, o potencial de bioacumulação e as interações com outros poluentes ambientais. Os quadros regulamentares devem evoluir de modo a abranger as caraterísticas únicas dos nanomateriais, fornecendo diretrizes para o seu manuseamento, utilização e eliminação seguros. Em última análise, é essencial uma abordagem equilibrada que promova a inovação, dando simultaneamente prioridade à segurança e à sustentabilidade ambiental. A investigação em curso é crucial para desenvolver formulações mais seguras, compreender os mecanismos de toxicidade e estabelecer protocolos padronizados para a avaliação das nanopartículas de TiO_2, garantindo assim a sua aplicação responsável em vários domínios.

5.2 Aumentar a produção

O aumento da produção de nanopartículas de TiO_2 apresenta uma série de desafios e oportunidades que são cruciais para traduzir os sucessos laboratoriais em viabilidade comercial. A produção de nanopartículas de TiO_2 envolve vários métodos, incluindo a síntese sol-gel, métodos hidrotérmicos e deposição química de vapor, cada um oferecendo vantagens distintas em termos de controlo de tamanho, pureza e morfologia. No entanto, o aumento da escala destes processos para aplicações industriais requer uma consideração cuidadosa de factores como a reprodutibilidade, a relação custo-eficácia e a sustentabilidade ambiental. Um desafio significativo é manter a uniformidade do tamanho e da distribuição das partículas durante a síntese em grande escala, uma vez que as variações podem afetar o desempenho do material em aplicações como a fotocatálise ou a administração de medicamentos.

Para resolver estas questões, estão a ser explorados métodos de produção contínua, tais como microrreactores ou técnicas de síntese em fluxo, para garantir uma qualidade consistente e minimizar a variabilidade de lote para lote. Além disso, a otimização das condições de reação, como a temperatura, a pressão e as concentrações de precursores, é essencial para obter as propriedades desejadas e maximizar o rendimento. Outra consideração crítica é o impacto ambiental do processo de produção; a utilização de solventes mais ecológicos, a redução do consumo de energia e a reciclagem de materiais residuais são vitais para o desenvolvimento de práticas de fabrico sustentáveis.

Além disso, o aumento de escala exige a integração de medidas robustas de controlo de qualidade para avaliar as propriedades físico-químicas das nanopartículas de TiO_2 em várias fases de produção. Isto inclui a implementação de técnicas de monitorização em tempo real para detetar desvios na qualidade e garantir que o produto final cumpre as normas regulamentares de segurança e eficácia, especialmente em aplicações biomédicas. As colaborações entre o meio académico e a indústria podem facilitar a transferência de conhecimentos e a inovação, conduzindo a avanços nas tecnologias de produção.

Olhando para o futuro, o potencial das nanopartículas de TiO_2 em aplicações emergentes - como nas energias renováveis, na purificação da água e em soluções avançadas de cuidados de saúde - sublinha a necessidade de métodos de produção escaláveis. Ao abordar os desafios técnicos e regulamentares associados ao aumento de escala, a indústria pode capitalizar a crescente procura de nanopartículas de TiO_2, abrindo caminho para a sua adoção generalizada em vários campos.

5.3 Tendências emergentes e perspectivas futuras

As tendências emergentes e as perspectivas futuras das nanopartículas de TiO_2 são caracterizadas por aplicações inovadoras e avanços tecnológicos que prometem expandir a sua utilidade em diversos sectores. À medida que a procura de soluções sustentáveis cresce, as nanopartículas de TiO_2 estão a ser cada vez mais integradas em tecnologias verdes, particularmente na remediação ambiental e nas energias renováveis. Na fotocatálise, os avanços nas técnicas de dopagem e nos materiais híbridos estão a aumentar a eficiência do TiO_2 sob luz visível, tornando-o uma opção mais viável para aplicações como a purificação do ar e da água. Além disso, o desenvolvimento de nanocompósitos à base de TiO_2 está a ganhar força, combinando o TiO_2 com outros nanomateriais - como o grafeno ou estruturas metal-orgânicas - para criar sistemas multifuncionais que optimizam o desempenho fotocatalítico e alargam a gama de aplicações.

No domínio biomédico, as nanopartículas de TiO_2 estão a emergir como candidatos promissores para sistemas de administração de medicamentos, terapia fotodinâmica e biossensorização. A investigação futura está a centrar-se na personalização das suas propriedades de superfície para melhorar a biocompatibilidade, a especificidade do alvo e os perfis de libertação controlada. A capacidade de ajustar a morfologia e a química da superfície das nanopartículas de TiO_2 abre caminhos para a medicina personalizada, onde os tratamentos podem ser adaptados às necessidades individuais do paciente, aumentando a eficácia terapêutica e minimizando os efeitos colaterais.

Além disso, a incorporação de nanopartículas de TiO_2 em dispositivos fotovoltaicos da próxima geração está a tornar-se uma tendência significativa, particularmente no desenvolvimento de células solares de perovskite e células solares sensibilizadas por corantes (DSSCs). Os investigadores estão a explorar formas de melhorar a estabilidade e a eficiência destas células solares através da integração do TiO_2 em novas arquitecturas, o que poderá conduzir a soluções de captação de energia mais rentáveis e eficientes.

Na frente regulamentar, à medida que a utilização de nanopartículas de TiO_2 aumenta, há uma ênfase crescente na compreensão da sua segurança, toxicidade e impacto ambiental. O estabelecimento de protocolos de teste padronizados e de quadros regulamentares será essencial para garantir uma produção e aplicação seguras.

Em geral, as perspectivas futuras das nanopartículas de TiO_2 são brilhantes, impulsionadas pela investigação em curso e pelas inovações tecnológicas que visam ultrapassar os desafios existentes. À medida que as indústrias continuam a procurar soluções sustentáveis e eficazes, as nanopartículas de TiO_2 estão preparadas para desempenhar um papel fundamental no avanço da proteção ambiental, dos cuidados de saúde e da eficiência energética, tornando-as uma pedra angular da nanotecnologia nos próximos anos.

Referências

1. Asefa, T., & MacMillan, A. (2004). Síntese e caraterização de nanopartículas de óxido metálico para aplicações fotocatalíticas. *Journal of Materials Chemistry*, 14(20), 2823-2832. DOI: 10.1039/B401523G

2. Chen, X., & Mao, S. S. (2007). Nanomateriais de dióxido de titânio para conversão e armazenamento fotocatalítico de energia. *Chemical Society Reviews*, 36(11), 1230-1240. DOI: 10.1039/B608135H

3. Dogan, M., & Gunes, S. (2021). Avanços recentes na modificação da superfície de nanopartículas de TiO_2 para aplicações ambientais. *Ciência e Tecnologia Ambiental*, 55(6), 3464-3482. DOI: 10.1021/acs.est.0c06112

4. Fotie, J., & Wu, D. (2016). Nanopartículas de dióxido de titânio: Propriedades, Síntese e Aplicações na Remediação Ambiental. *Materiais*, 9(7), 517. DOI: 10.3390/ma9070517

5. Guo, H., & Wang, Q. (2017). Dopagem de nanopartículas de dióxido de titânio: Uma revisão. *Ciência dos Materiais no Processamento de Semicondutores*, 75, 35-42. DOI: 10.1016/j.mssp.2017.04.008

6. Liu, Y., & Wang, H. (2020). Funcionalização de nanopartículas de TiO_2 para aplicações fotocatalíticas: Avanços recentes e perspectivas futuras. *Nano Hoje*, 30, 100835. DOI: 10.1016/j.nantod.2019.100835

7. Park, H., & Kim, S. (2019). Modificações de superfície de nanopartículas de TiO_2 para atividade fotocatalítica aprimorada: Uma revisão. *Jornal de Materiais Perigosos*, 367, 631-645. DOI: 10.1016/j.jhazmat.2018.12.073

8. Pradhan, B. K., & Ghosh, S. K. (2021). Desenvolvimentos recentes na modificação da superfície de nanopartículas de TiO_2 para aplicações biomédicas. *Nanomedicina*, 16 (6), 553-577. DOI: 10.2217/nnm-2020-0390

9. Rajendran, S., & Kumar, R. (2015). Desenvolvimento de Nanopartículas de TiO_2: Síntese, propriedades e aplicações. *Ciência da superfície aplicada*, 353, 345-352. DOI: 10.1016/j.apsusc.2015.06.074

10. Zhang, Z., & Li, Y. (2018). Avanços na modificação da superfície de nanopartículas de TiO_2 para aplicações fotocatalíticas. *Progresso Ambiental e Energia Sustentável*, 37 (6), 2033-2048. DOI: 10.1002/ep.12878

Sobre os autores

O Dr. M. B. Patil trabalha como Professor Assistente no Departamento de Química, Basaveshwar Science College, Bagalkot, Índia. As suas áreas de especialização são as membranas poliméricas, os nanocompósitos e a física química. Tem várias patentes nacionais e internacionais nos seus créditos e também muitas revistas internacionais de renome. Foi Diretor de I&D na Reliance Industries Ltd. Trabalhou no Qatar e na Universidade de Cambridge, Reino Unido.

Jyoti N. Aihole, atualmente a frequentar o mestrado em química no P.G. Department of Chemistry, Basaveshwar Science College, Bagalkot-587101, Karnataka, ÍNDIA. Tem bons resultados académicos.

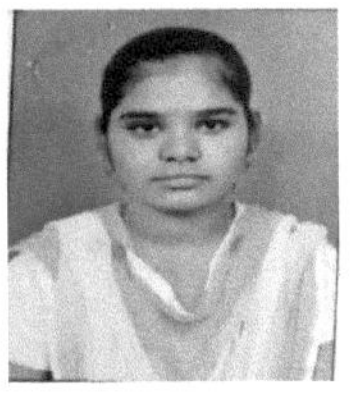

A Sr.ª Shradda Angadi, atualmente a frequentar o Mestrado em Química no Departamento de Química do P.G., Basaveshwar Science College, Bagalkot-587101, Karnataka, ÍNDIA. Tem bons resultados académicos.

Printed by Books on Demand GmbH, Norderstedt / Germany